Armin Täubner

Blumenzauber

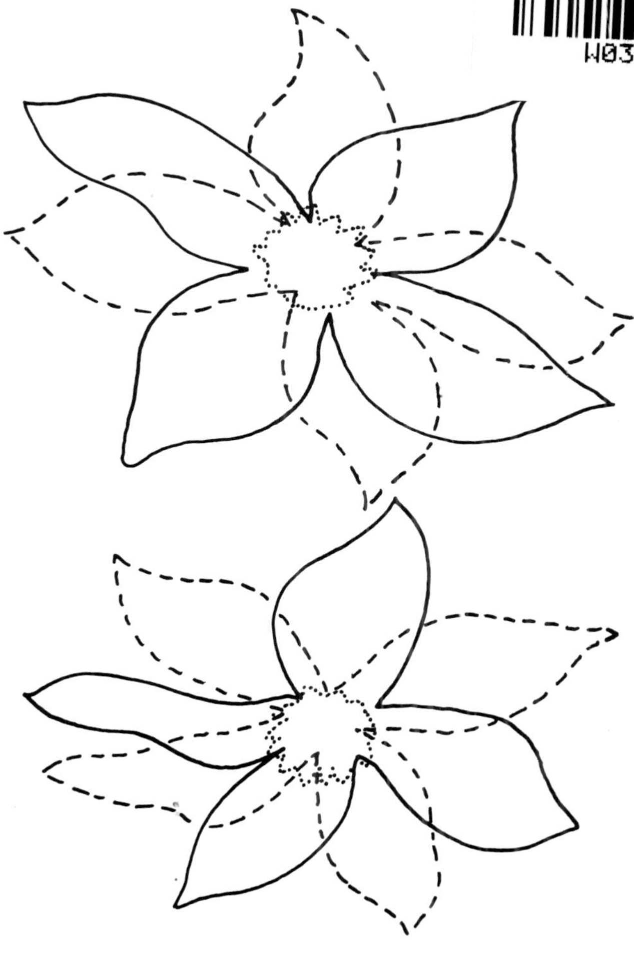

Frech-Verlag Stuttgart

Auflage: 5. 4. 3. 2. | Letzte Zahlen maßgebend
Jahr: 1995 94 93 92

frech-verlag
ISBN 3-7724-1443-5 · Best.-Nr. 1443
GmbH+Co. Druck KG Stuttgart · Druck: Frech, Stuttgart 31

Das Übertragen des Motivs

1. Auf die Motivvorlage Transparentpapier legen und mit Klebefilm fixieren. Mit Bleistift (HB), Lineal und Zirkel die Konturen nachzeichnen. Auf den entsprechend zugeschnittenen Tonkarton die Transparentvorlage legen und fixieren, damit sie beim Übertragen der Konturen nicht verrutscht. Das Motiv mit Kugelschreiber nachzeichnen. Es drückt sich dadurch in die Kartonoberfläche gut sichtbar ein.
2. Anstelle von Transparentpapier wird Butterbrotpapier verwendet. Ist das Motiv übertragen, wird Kohlepapier (mit der Schichtseite nach unten) auf den Tonkarton gelegt und darauf das Butterbrotpapier. Das Motiv wird mit Kugelschreiber nachgezeichnet. Man muß dabei sehr konzentriert arbeiten, denn Korrekturen bleiben als Kohlepapierabdruck später auf dem Karton zurück und lassen sich kaum spurlos entfernen.

Herstellen von Schablonen

Bei manchen Fensterbildern müssen Einzelformen (Vögel, Schmetterlinge) separat ausgeschnitten und aufgeklebt werden. In diesem Falle sind Schablonen notwendig. Dazu wird Transparentpapier auf die Motivvorlage gelegt und der Umriß (beispielsweise vom Schmetterling) mit Bleistift nachgefahren. Die Transparentzeichnung wird auf einen Kartonrest geklebt und exakt ausgeschnitten. Mit dieser Schablone kann dann der Umriß auf den Tonkarton übertragen werden.

Nach oben gewölbte Kartonränder

Sie entstehen, wenn Kartonformen mit dem Messer ausgeschnitten werden. Mit dem Fingernagel an den Kanten entlangfahren, und die gewölbten Schnittränder lassen sich problemlos glätten.

Das Ausschneiden

Der überwiegende Teil der Schneidarbeiten wird mit dem Cutter oder Bastelmesser ausgeführt. Diese Messer haben verschiebbare Klingen. Ist die Spitze der Klinge, mit der ausschließlich geschnitten wird, stumpf, wird sie einfach abgebrochen und die Klinge nachgeschoben. Mit dieser Klinge können exakte Schnitte an den für Scheren schwer bzw. gar nicht zugänglichen Stellen ausgeführt werden. Das Messer halten Sie beim Schneiden wie einen Füllfederhalter oder einen Kugelschreiber. Vorher müssen Sie allerdings unter den Tonkarton eine Schneidunterlage aus Holz oder Karton legen. Ist die Unterlage durch viele Schnitte zerfurcht, sollte sie ausgewechselt werden, weil sonst die Klinge beim Schneiden evtl. abgelenkt wird.
Die Umrisse der Fensterbilder werden meist mit der Schere ausgeschnitten. Manche Rundungen im Innenbereich lassen sich mit einer Nagelschere sauber nachschneiden.

Aufhängelöcher

Mit einer Vorstechnadel oder einem Körner aus dem Werkzeugkasten werden die Aufhängelöcher 3 bis 5 mm vom Rand entfernt in den Tonkarton gestochen. Vergessen Sie nicht, vorher unter das Fensterbild eine Unterlage aus Karton oder Holz zu legen.

Eisvögel in der Trauerweide

Eisvögel: Auf den orangefarbenen Rumpf (durchgezogene Linie) das hellblaue Kopf- und Rückenteil (punktierte Linie) kleben. Es folgt der seitliche weiße Halsfleck und schließlich der dunkelblaue Flügel (gestrichelte Linie). Schnabel und Füße mit braunem Filzstift einfärben. Die Rückseite ebenso gestalten. Nun die schwarzen Augen aufmalen.
Die Vögel an den Zweigen fixieren. Nun können auch die schmalen Weidenblätter angebracht werden. Die Blattadern durch einen Längsschnitt in der Blattmitte markieren. Die Marienkäfer anbringen.

Osterglocken mit Dukatenfalter

Für den Rahmen die Einstichstelle (x) und sämtliche Linien bis auf den Bogen auf weißen Karton übertragen. Nach dem Übertrag mit dem Zirkel um die Einstichstelle die vier fehlenden Kreislinien zeichnen. Auf hellgrünen Karton die Umrisse des Blattgrüns und der Blüten übertragen (durchgezogene Linien). Nun die meist zweiteiligen Blüten aufkleben (gestrichelte und punktierte Linien). Auf den weißen Rahmen zuerst das braune Bodenstück und darauf die Osterglocken kleben. Aus Stabilitätsgründen die Osterglocken an möglichst vielen Stellen am Rahmen fixieren. Mit den Schmetterlingen den Schlußakzent setzen.

Klatschmohn

Die Umrisse des gesamten Fensterbildes (sämtliche durchgezogene Linien) bis auf die Bogenlinien des Rahmens auf hellgrünen Karton übertragen. Die Einstichstelle (x) muß ebenfalls markiert werden. Nach dem Abnehmen des Transparentpapiers mit dem Zirkel um die Einstichstelle die fehlenden vier Halbkreise zeichnen. Dazu die Bleistiftspitze des Rahmens ansetzen. Die Schneidarbeiten werden vorwiegend mit dem Cutter ausgeführt.

Bei den Blüten stets zuerst die mit gestrichelten Linien umfaßten Teile aufkleben. Anschließend das zweite Blütenblattpaar (punktierte Linien) anbringen. In die Blütenmitten je einen grünen Kartonpunkt kleben und ringsum die schwarzen Staubgefäße mit einem feinen Filzstift aufzeichnen. Die Blüten auf der Rückseite des Fensterbildes ebenso gestalten.

Zaunwinde und Bläulinge

Aus hellgrünem Karton werden sowohl die Konturen der Ranken und Blätter als auch der Knospen und Blüten ausgeschnitten (alle durchgezogenen Linien). Bei allen Blättern die Hauptblattader mit dem Cutter nachschneiden. An den weißen Blüten die fünf Blütenblätter durch leichtes Einritzen oder Eindrücken andeuten (gestrichelte Linien). Das Blüteninnere mit gelbem und orangem Filzstift gestalten. Die Blüten und die Schmetterlinge beidseitig aufkleben.

Clematis und Zitronenfalter

Die Umrisse der Blätter und Ranken (durchgezogene Linien) werden mit Cutter und Nagelschere aus dunkelgrünem Karton herausgearbeitet. Die Blüten bestehen jeweils aus drei Teilen, die nach dem Ausschneiden auf die Schnittvorlage gelegt und dort paßgenau zusammengeklebt werden. Nun die Blüten auf dem Rankenkranz verteilen. Die Zitronenfalter aus gelbem Karton ausschneiden. Mit rotem Filzstift die Flügelflecken und die Augen markieren, während der Rumpf und die Fühler schwarz eingefärbt werden.

Schneeglöckchen

Pflanzengrün und Rahmen (durchgezogene Linien) als ein Teil aus dunkelgrünem Karton herausarbeiten.
Die Blattadern durch Schnitte andeuten. Auf Vorder- und Rückseite die Blüten und die Schneefläche (gestrichelte Linien) fixieren.
Bei der Schneefläche auf die Einbuchtungen für das Blattgrün achten.

Winterlinge

Auf den Rahmen, der überwiegend mit dem Cutter ausgeschnitten wird, das Pflanzengrün (gestrichelte Linien) kleben. Weil die Konturen des Rahmens bei Gegenlicht durchschimmern, sollten die Blätter und Stengel nochmals ausgeschnitten und paßgenau auf die Rückseite des Fensterbildes geklebt werden. Dasselbe gilt für die Blüten.

Buschwindröschen und Leberblümchen

Blattgrün und Stengel bilden mit dem Rahmen eine Einheit (durchgezogene Linien). Die Blüten der Buschwindröschen bestehen aus zwei dreizackigen Sternen, die versetzt aufeinandergeklebt werden. Mit hellgrünem und gelbem Filzstift das Blüteninnere gestalten. Die Blüten der Leberblümchen bestehen aus den Blütenblättern, auf die die gelben Staubgefäße geklebt werden. Als Farbtupfer können noch Marienkäfer oder Schmetterlinge fixiert werden.

Zitronenfalter und Narzissen

Narzissengrün und Blütenumrisse (gestrichelte Linien) aus hellgrünem Karton ausschneiden. Die weißen Blütenblätter (durchgezogene und punktierte Linien) fixieren. Aus gelbem Karton die Blütenmitten herausschneiden und die Ränder mit Filzstift rot einfärben. Überdies kann noch das hellgrüne dreizackige Blüteninnere mit Filzstift aufgemalt werden.

Walderdbeeren

Rahmen: Auf weißen Karton nur die schmalen Rahmenstege sowie die drei Einstichstellen (x) übertragen. Anschließend in die zentrale Markierung mit dem Zirkel einstechen und die beiden inneren Kreislinien vollständig zeichnen, während von den beiden äußeren Kreisen nur die untere Hälfte benötigt wird. Die Verjüngung des Rahmens nach oben hin ergibt sich, wenn der Zirkel in den beiden anderen Einstichstellen eingestochen und der Radius jeweils so eingestellt wird, daß er an die bereits gezeichneten Halbkreise anschließt. Für die rechte Hälfte des Rahmens in die linke Markierung einstechen und umgekehrt.

Erdbeerpflanze: Sie wird mit Cutter und Nagelschere ausgeschnitten (gestrichelte Linien). Die Beeren von hinten an den sternförmigen Kelchblättern fixieren. Mit hellgrünem und gelbem Filzstift Fruchtknoten und Staubgefäße auf die weißen Blüten zeichnen.
Die Blüten von vorn aufkleben.

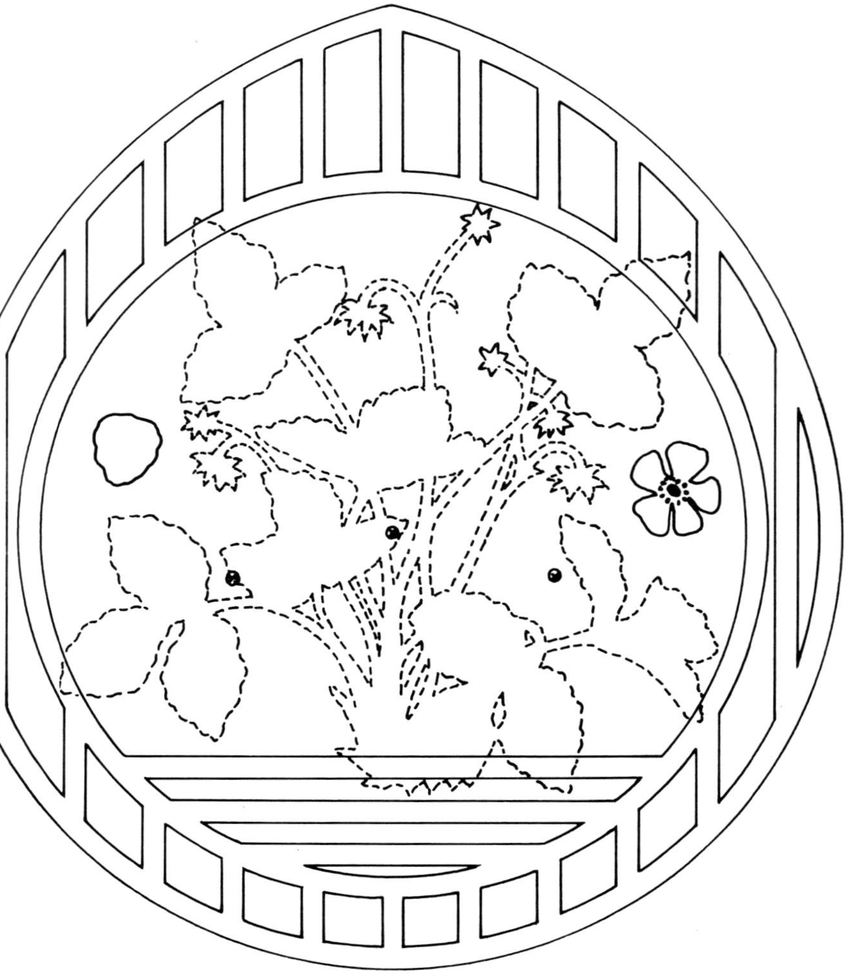

Christrosen

Für den Rahmen auf roten Karton die beiden Mittelpunkte (x), die Verbindungsstege sowie die Umrisse der Schneefläche übertragen. Nun mit dem Zirkel in den Mittelpunkten einstechen und Halbkreise zeichnen, die mit Bleistift und Lineal verbunden werden. Die Innenflächen des Rahmens mit dem Cutter herausarbeiten, während sich für das Nachschneiden der äußeren und inneren Konturen die Schere besser eignet. Als nächstes die Schneefläche (punktierte Linie) anbringen. Blätter, Stengel und Blütenumrisse mit Cutter und Nagelschere herausarbeiten (gestrichelte Linien). Die weißen Blüten ausschneiden. Mit gelbem Filzstift Fruchtknoten und Staubgefäße aufmalen. Die fertigen Christrosen aus Stabilitätsgründen an möglichst vielen Stellen am Rahmen fixieren.

Schlüsselblumen und Widderchen

Rahmen: Auf weißen Karton nur die zentrale Einstichstelle (x) sowie die schmalen Rahmenstege übertragen. Nun mit dem Zirkel die vier Kreislinien zeichnen. Die Innenschnitte überwiegend mit dem Cutter ausführen.

Schlüsselblumen: An den Blütenstengeln die Blüten ankleben. Die Blütenmitten mit einem orangefarbenem Filzstiftpunkt markieren. Nun die Blütenstengel am Rahmen fixieren.

Schmetterling: Den Umriß der Widderchen aus rotem Karton ausschneiden. Bis auf die roten Punkte die Vorderflügel und den Rumpf mit schwarzem Filzstift einfärben.

Glockenblumen (blau oder weiß)

Den Rahmen samt Blattgrün und Blütenstengeln aus grünem Karton herausschneiden (durchgezogene Linien). Die weißen oder blauen Blüten beidseitig deckungsgleich aufeinanderkleben. Als Farbakzent abschließend Dukatenfalter oder Kohlweißlinge und Marienkäfer anbringen.

Mistelzweig

Den Zweig mit Cutter und Nagelschere ausschneiden (durchgezogene Linien). Anschließend die beiden roten Bandenden (gestrichelte Linie), dann die Schleife fixieren. Abschließend auf dem Zweig die weißen Beeren gruppieren.

Heckenrose

Den Rahmen auf grünen Karton übertragen. Die Rundungen können nachträglich noch korrigiert werden. Dazu den Zirkel in die beiden Einstichstellen (X) einstechen und die entsprechenden Halbkreise zeichnen. Rosenzweige samt Blütenumrisse aus grünem Karton ausschneiden (gestrichelte Linien) und auf den Rahmen kleben. Die Blüten und Hagebutten beidseitig aufkleben.

Weidenkätzchen mit Dompfaffenpärchen

Auf den roten bzw. hellbraunen Rumpf zuerst das schwarze Rückenteil (gestrichelte Linie), dann den weißen Bürzel (punktierte Linie), den schwarzen Flügel (Strich-Punkt-Linie) und schließlich die graue Schulter (gezackte Linie) anbringen. Das Auge aus weißem Papier ausschneiden und bis auf einen schmalen Rand und einen kleinen Fleck schwarz einfärben. Schnabel und Füße mit braunem Filzstift anmalen. Die Rückseite ebenso arbeiten. Die Vögel auf die Weidenzweige setzen. Die weißen Weidenkätzchen beidseitig aufkleben.

Krokusse

Am hellgrünen Rahmen die Schneefläche (gestrichelte Linie) ankleben. Auf die hellen Hüllblätter (punktierte Linien) mit Bleistift feine Linien zeichnen. An diesen Hüllblättern von hinten die dunkelgrünen Blätter und die ein- bzw. zweiteiligen Blüten ankleben. Abschließend die Krokusse auf der Schneefläche fixieren.

Veilchen

Für den Rahmen mit dem Zirkel auf roten Karton zwei Kreise mit den Radien 6,9 cm und 8,5 cm zeichnen. Die Umrisse des Veilchens mit Cutter und Nagelschere ausschneiden (gestrichelte Linie). Bei den Blättern jeweils mit dem Cutter einen Längsschnitt vornehmen, um damit die Hauptblattader anzudeuten. Auf die beiden in Vorderansicht abgebildeten, blauen Blüten jeweils das weiße, sechszackige Blütenzentrum kleben. Die seitlich abgebildeten Blüten bestehen jeweils aus zwei Teilen.

Tulpen

Die Umrisse des Tulpengrüns (durchgezogene Linien) und den Mittelpunkt (x) auf grünem Karton übertragen. Anschließend mit dem Zirkel im Mittelpunkt einstechen und die beiden Kreislinien des Rahmens zeichnen. Bei den geschlossenen Tulpenblüten jeweils einen leicht gebogenen Schnitt ausführen, um einzelne Blütenblätter anzudeuten. Die leicht oder vollständig geöffneten Blüten bestehen aus zwei bzw. drei Blütenblättern, die entsprechend der Schnittvorlage versetzt übereinandergeklebt werden. Die Zentren der beiden vollständig geöffneten Blüten mit schwarzem Filzstift markieren und sechs Staubgefäße aufzeichnen. Abschließend die beiden grünen Fruchtknoten (punktierte Linien) in den Blütenmitten fixieren.

Immergrün und Marienkäfer

Die Konturen der Pflanze auf hellgrünen Karton übertragen (gestrichelte Linien) und mit dem Cutter nachschneiden. Ebenfalls mit dem Cutter die Blattadern (punktierte Linien) nachschneiden. Am dunkelgrünen Rahmen zuerst die Pflanzen fixieren, bevor das braune Bodenstück angebracht wird. Auf die blauen Blüten weiße, fünfzackige Sterne kleben. Das Blütenzentrum mit einem gelben Filzstiftpunkt markieren.
Die Marienkäfer bestehen aus einem roten Kartonoval, das mit schwarzem Filzstift entsprechend bemalt wird.

Heidelbeerstrauch mit Bläulingen

Die Umrisse des Fensterbildes und den Strauch (durchgezogene Linien) aus hellgrünem Karton ausschneiden. Mit leicht gebogenen Schnitten die Blattadern andeuten. Beim großen Pilz zuerst die weiße Hutunterseite (Strich-Punkt-Linie) aufkleben. Anschließend bei allen Pilzen den Stiel sowie den roten Hut anbringen.

Sonnenhut und Kohlweißling

Rahmen und Pflanzengrün als ein Teil (durchgezogene Linie) ausschneiden. Die Blattadern mit dem Cutter einschneiden. Sämtliche Blüten doppelt ausschneiden und paßgenau auf Vorder- und Rückseite ankleben. Rumpf, Fühler und Flügelzeichnung des Schmetterlings mit schwarzem Filzstift aufmalen.

Stechpalmenzweig mit Rotkehlchen

Zweig: Aus dunkelgrünem Karton den Zweig überwiegend mit dem Cutter herausarbeiten. Die Hauptblattadern mit dem Cutter andeuten. Die roten Beeren erst nach den Rotkehlchen fixieren.

Sitzendes Rotkehlchen: Auf den dunkelbraunen Rumpf (durchgezogene Linie) zuerst die helle Unterseite (gestrichelte Linie), dann die orange Kehle (punktierte Linie) und erst zum Schluß den Flügel (Strich-Punkt-Linie) anbringen. Das Auge mit schwarzem Filzstift aufmalen. Die Rückseite ebenso arbeiten.

Fliegendes Rotkehlchen: Beidseitig die orange Kehle ankleben und die Augen aufmalen.

Zum Thema **„Fensterbilder für Fortgeschrittene"**
sind im Frech-Verlag folgende Titel von dem
erfolgreichen Autor Armin Täubner erschienen:

Armin Täubner DM 10,90
Fensterbilder zur Frühlingszeit. Scandinavian Art
Skandinavien ist die Heimat der Fensterbilder. Hier orientieren sich die Modelle an den Ursprüngen: eine filigrane und sorgfältige Ausführung, farblich dezent gestaltet. Aber auch für Kinder finden sich hübsche Modelle.
48 S., Farbfotos, Beilage
Best.-Nr. 1413 ISBN 3-7724-1413-3

Armin Täubner DM 14,90
Fensterbilder filigran
Diese neuen Vorschläge für Fensterbilder richten sich vor allem an Erwachsene. Die Modelle sind meist auf eine oder zwei Farben beschränkt und zum Teil mit Transparentpapier hinterklebt.
Die feinen Innenschnitte geben den Arbeiten Niveau.
Mappe DIN A5, 2 Vorlagenbogen, 24 seit. Farbanltg.
Best.-Nr. 1267 ISBN 3-7724-1267-X

Armin Täubner DM 14,90
Fensterbilder
Plastische Objekte aus Tonkarton.
Die Möglichkeit, Blumen, Vögel und andere Bildelemente durch einfaches Falten doppelt ausgeschnittener Teile plastisch erscheinen zu lassen, führt zu erstaunlichen Ergebnissen.
Mappe DIN A5 mit Farbanleitung, Vorlagenbogen
Best.-Nr. 1191 ISBN 3-7724-1191-6

Stand 1991